U0387047

常识手册

自然灾害有哪些，
你都了解吗？

应急指南

遇到险情，一定要会
的自救知识。

“码”上查收

防灾避险小贴士

做自己的安全小卫士

安全百科

多主题教育专栏，
专为小朋友准备。

情景课堂

趣味生动讲解，
教你如何避险。

炎热的夏天到了，雨水变得多了起来，雨水的到来对农作物的生长有帮助，但如果连降暴雨则会给我们的生活带来不利的影响。那么暴雨是怎么形成的呢？如果遭遇暴雨天气我们又要如何应对并保护自己的安全呢？小朋友们快来了解一下吧！

红领巾系列自然灾害防灾减灾科普

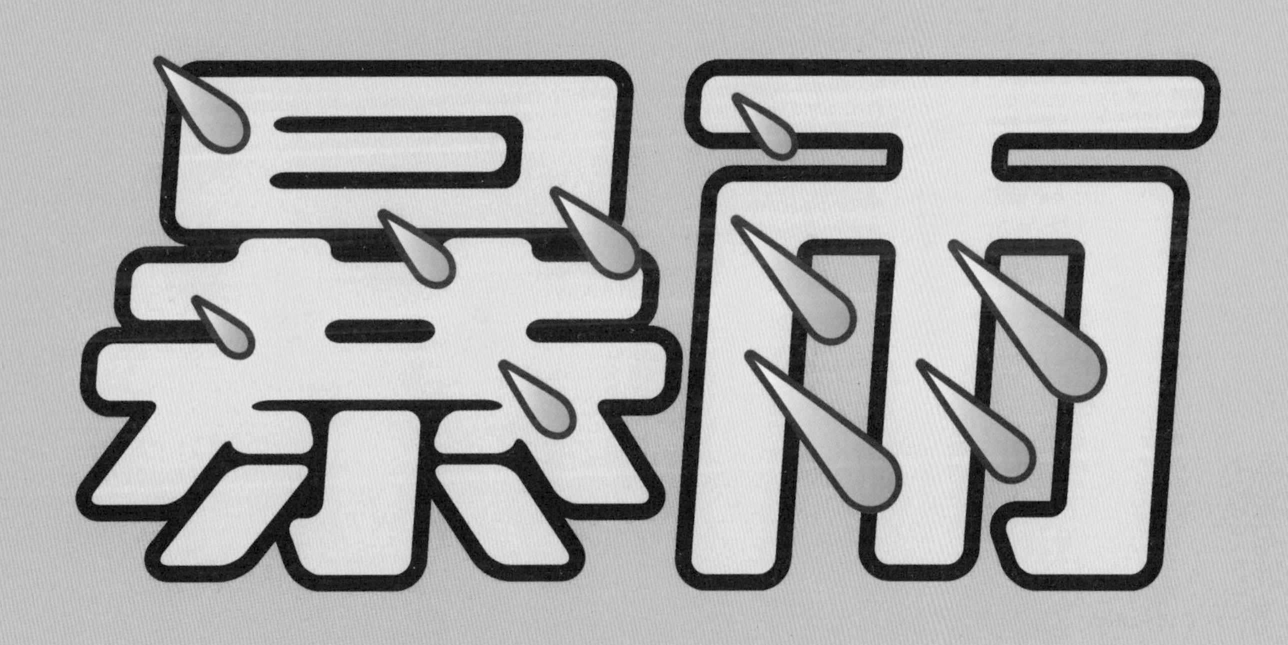

主编◎陈雪芹 丛唯一 张 苏

吉林科学技术出版社

图书在版编目（CIP）数据

暴雨 / 陈雪芹，丛唯一，张苏主编 . -- 长春：吉林科学技术出版社，2024. 8. --（红领巾系列自然灾害防灾减灾科普）. -- ISBN 978-7-5744-1742-7

I. P426.62-49

中国国家版本馆 CIP 数据核字第 2024DK3227 号

暴雨
BAOYU

主　　编　陈雪芹　丛唯一　张　苏
副 主 编　杨　影　侯岩峰　张玉英　曹　晶　曲利娟
出 版 人　宛　霞
策划编辑　王聪会　张　超
责任编辑　穆思蒙
内文设计　上品励合（北京）文化传播有限公司
封面设计　陈保全
幅面尺寸　240 mm × 226 mm
开　　本　12
字　　数　50 千字
印　　张　4
印　　数　1~6000 册
版　　次　2024 年 9 月第 1 版
印　　次　2024 年 9 月第 1 次印刷
出　　版　吉林科学技术出版社
发　　行　吉林科学技术出版社
地　　址　长春市福祉大路 5788 号出版集团 A 座
邮　　编　130118
发行部电话 / 传真　0431-81629529　81629530　81629531　81629532　81629533　81629534
储运部电话　0431-86059116
编辑部电话　0431-81629380
印　　刷　吉林省吉广国际广告股份有限公司
书　　号　ISBN 978-7-5744-1742-7
定　　价　49.90 元

目录

敲黑板：这才是暴雨

夏季来临时，下雨是很常见的天气现象。雨能为我们人类带来充足的水源、灌溉庄稼，还能净化空气。然而雨水下多了，也会为我们带来不便和灾害，尤其是倾盆大雨来袭，我们一定要做好预警和防汛准备。

究竟多大的雨才算是暴雨呢？

其实，暴雨是短时间内产生降水强度很大的雨。在气象学上，一般以雨量为判断标准，例如，当某一地区的累积降雨量，满足1小时16毫米以上或12小时30毫米以上或24小时50毫米以上时，就可以称为“暴雨”。

此外，按照雨量大小暴雨又可进一步分为暴雨、大暴雨、特大暴雨三个等级。

暴雨

24小时降雨量
50~99.9毫米

大暴雨

24小时降雨量
100~249.9毫米

特大暴雨

24小时降雨量
250毫米以上

科普小课堂：暴雨的特征

小朋友们了解完暴雨，你们知道发生在我国的暴雨有哪些特点吗？

- 暴雨主要集中在5~8月。
- 暴雨强度大，极值高。
- 暴雨持续时间长。
- 暴雨的范围广，分为局部地区暴雨，区域性暴雨，大范围暴雨和特大范围暴雨。

暴雨是从哪里来的

暴雨形成的过程比较复杂，常常从积雨云中落下。一般产生暴雨的主要物理条件有三个：充足且源源不断的水汽、强盛而持久的气流上升运动和不稳定的大气层结构。

上升气流

地球上拥有很多水资源，江、河、湖、海都是水汽的主要来源。那么这些水汽是如何上升到天空并凝结成云最后形成降雨的呢？主要有三种情况：

第一种

太阳照射，使水受热蒸发，以水蒸气的形式进入空气中，水蒸气在低空中急剧增热膨胀变轻，逐步上升，形成云而降雨。

第二种

当高空中的冷、暖空气相遇交汇时，冷空气会形成我们看不见的“锋面”，而富含水汽的、暖而轻的空气就会在冷而干的空气上方滑升，从而水汽上升，形成浓厚的云层，最后降雨。

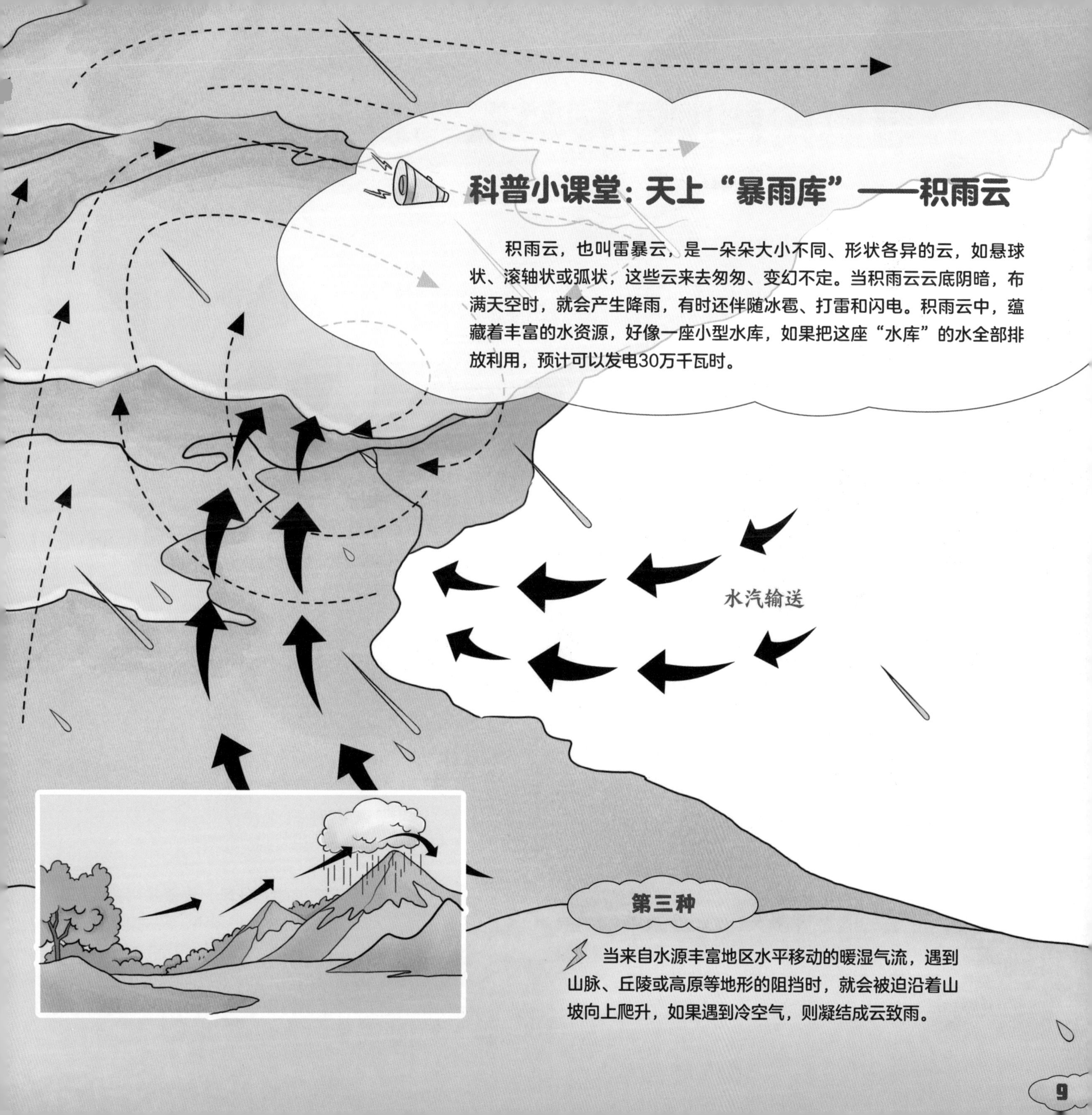

科普小课堂：天上“暴雨库”——积雨云

积雨云，也叫雷暴云，是一朵朵大小不同、形状各异的云，如悬球状、滚轴状或弧状，这些云来去匆匆、变幻不定。当积雨云云底阴暗，布满天空时，就会产生降雨，有时还伴随冰雹、打雷和闪电。积雨云中，蕴藏着丰富的水资源，好像一座小型水库，如果把这座“水库”的水全部排放利用，预计可以发电30万千瓦时。

第三种

当来自水源丰富地区水平移动的暖湿气流，遇到山脉、丘陵或高原等地形的阻挡时，就会被迫沿着山坡向上爬升，如果遇到冷空气，则凝结成云致雨。

与暴雨相伴而行的天气现象

暴雨伴随着电闪雷鸣

夏季，下暴雨时常伴有闪电、雷鸣，你知道这是为什么吗？由于夏天温度高、湿度大，暖湿空气会形成上升气流升到空中，遇冷凝结形成积雨云。积雨云里产生强烈的空气上下对流，不断增大的水滴相互碰撞、摩擦，产生正电荷和负电荷，从而出现雷与电。

暴雨带来狂风大作

下暴雨时经常会伴随着狂风，难道暴雨是大风刮来的吗？其实大风也并不总是伴随暴雨，只是夏天空气中水汽丰富，地面气温高，暖湿空气比较容易上升，在高空遇冷形成云朵，云发展成积雨云，这个时候云内既有暖湿上升气流，也有强烈下沉的冷空气，当冷空气到达地面的时

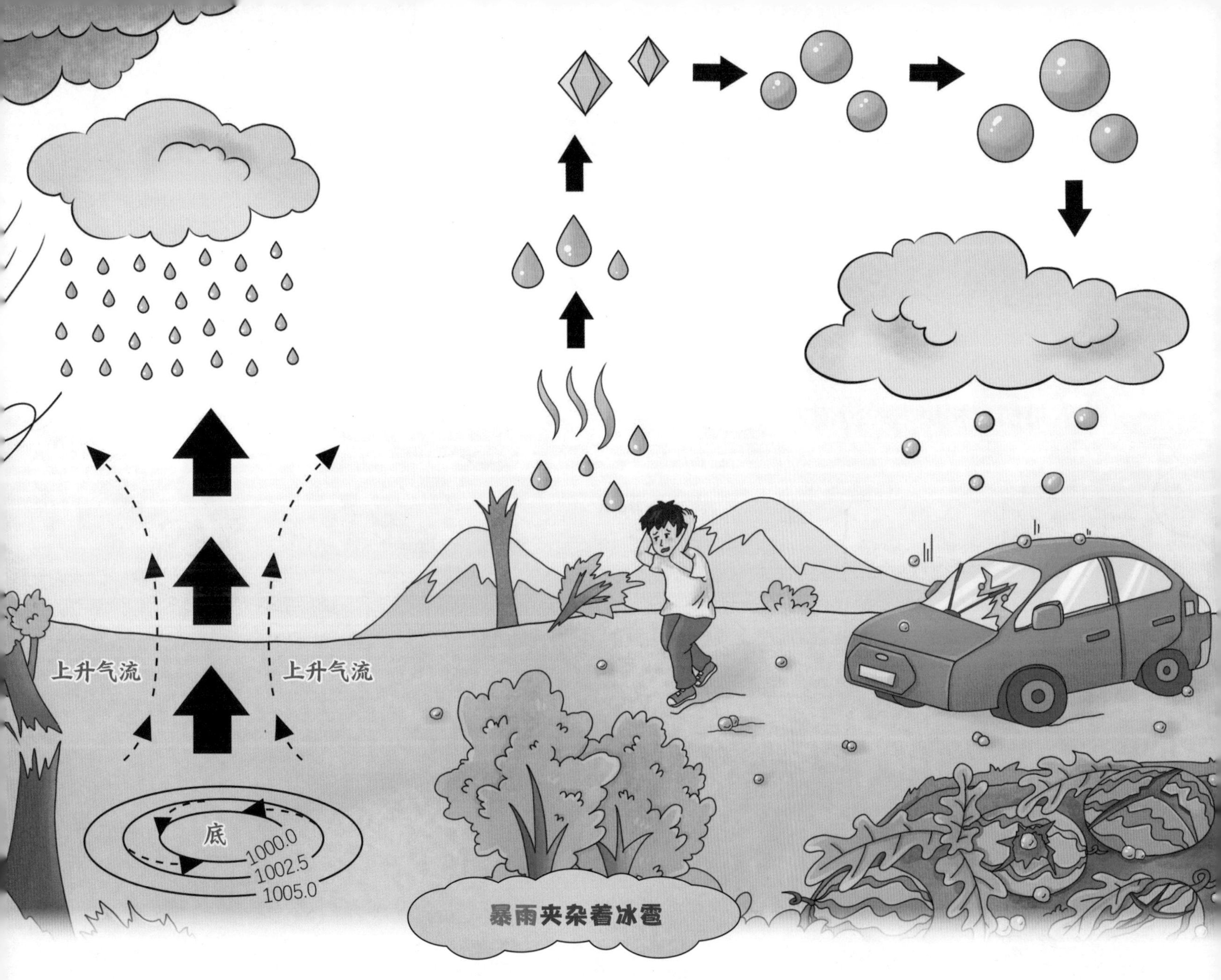

候，因为密度较大，形成地面冷高压，与周围的暖湿空气，形成比较大的气压差，这种冷空气由高气压迅速地流向低气压，就形成了大风，当积雨云移过来的时候，就会下大雨了。

下暴雨时，有时候还会下冰雹，大大小小的冰粒子又是如何随着雨水一起降到地面的呢？其实冰雹也是在积雨云中形成的。强烈的上升气流和下降气流不断地把水滴带到不同的温度层中，当水滴遇到低温层时，就会凝结成小冰晶；当小冰晶遇到高温层时，它们会融化成水滴，这样反复地上下运动和碰撞，就会形成越来越大的冰粒，直到它们太重了，气流托不住时，这些冰粒就会从云中掉下来，这就是我们看到的冰雹。

暴雨危害可不小
暴雨是一种常见的、影响严重的灾害性天气，尤其是出现连降暴雨、大暴雨或特大暴雨时，往往容易造成山洪暴发、江河横溢、堤防溃决、农作物被淹、房屋被冲塌、城市内涝等灾害，导致人员伤亡和重大经济损失。
流域性洪水
如果遇上连续性暴雨和特大暴雨，在靠近江河湖海流域的地区容易出现支流溢出、洪水泛滥，从而淹没庄稼、冲塌房屋，给人们的生活和生命安全带来损害。
城市内涝
由于暴雨具有突发性强、强度大、范围集中等特点，当短时间内的降水量超过城市排水能力时，就容易导致城市内涝。

山体滑坡、泥石流等次生地质灾害

在地势高的山区，暴雨骤降，山体和土壤长时间被大雨侵蚀，容易发生松动，导致山体滑坡、泥石流、崩塌等次生地质灾害，造成江河堵塞，房屋、庄稼、道路等被破坏的情况。

注意！暴雨要来了

暴雨来临之前，气象部门会向社会发布预警信号，按照由弱到强的顺序，分为四个等级：Ⅳ 级（一般）、Ⅲ级（较重）、Ⅱ级（严重）、Ⅰ级（特别严重），分别用蓝色、黄色、橙色、红色中英文图标标识。

蓝色预警

标准：12小时内降雨量将达50毫米，或者已达50毫米且降雨可能持续。

黄色预警

标准：6小时内降雨量将达50毫米，或者已达50毫米且降雨可能持续。

橙色预警

标准：3小时内降雨量将达50毫米，或者已达50毫米且降雨可能持续。

暴雨
橙 RAIN STORM

暴雨
红 RAIN STORM

红色预警

标准：3小时内降雨量将达100毫米，或者已达100毫米且降雨可能持续。

科普小课堂：暴雨前的天气征兆

在夏季，我们可以根据天气预报了解什么时候会下雨，除了天气预报，人们还自己总结了很多下雨前的自然征兆。

1. 早晨天气闷热，甚至感到呼吸困难，一般是低气压天气系统临近的征兆，午后往往有强降雨发生。

2. 如果早晨看到远处有宝塔形状的墨云隆起，一般午后会有强雷雨发生。

3. 多日天气晴朗无云，天气特别炎热，忽见山岭迎风坡上隆起小云团，一般午夜或凌晨会有强雷雨发生。

4. 炎热的夜晚，听到天空有沉闷的雷声，一般是暴雨即将来临的征兆。

5. 如果天空出现漏斗形状或龙尾巴形状的云，可能随时都有雷雨大风来临。

马上行动，做好暴雨前的防御

天气预报发布暴雨预警，说明暴雨就要来了，这时我们要及时做好防御准备。

农民伯伯赶紧将晾晒的农作物收拾起来。

提前将露天晾晒的物品收起来，以免暴雨来临造成不必要的损失。

仔细检查房屋，及时抢修不牢固和危旧的房屋，以免暴雨冲灌导致房屋倾斜、倒塌。住危旧老房或处在低洼地区的人员，要提前转移。

准备沙袋、挡板，将家门口围挡起来，避免雨水漫入。

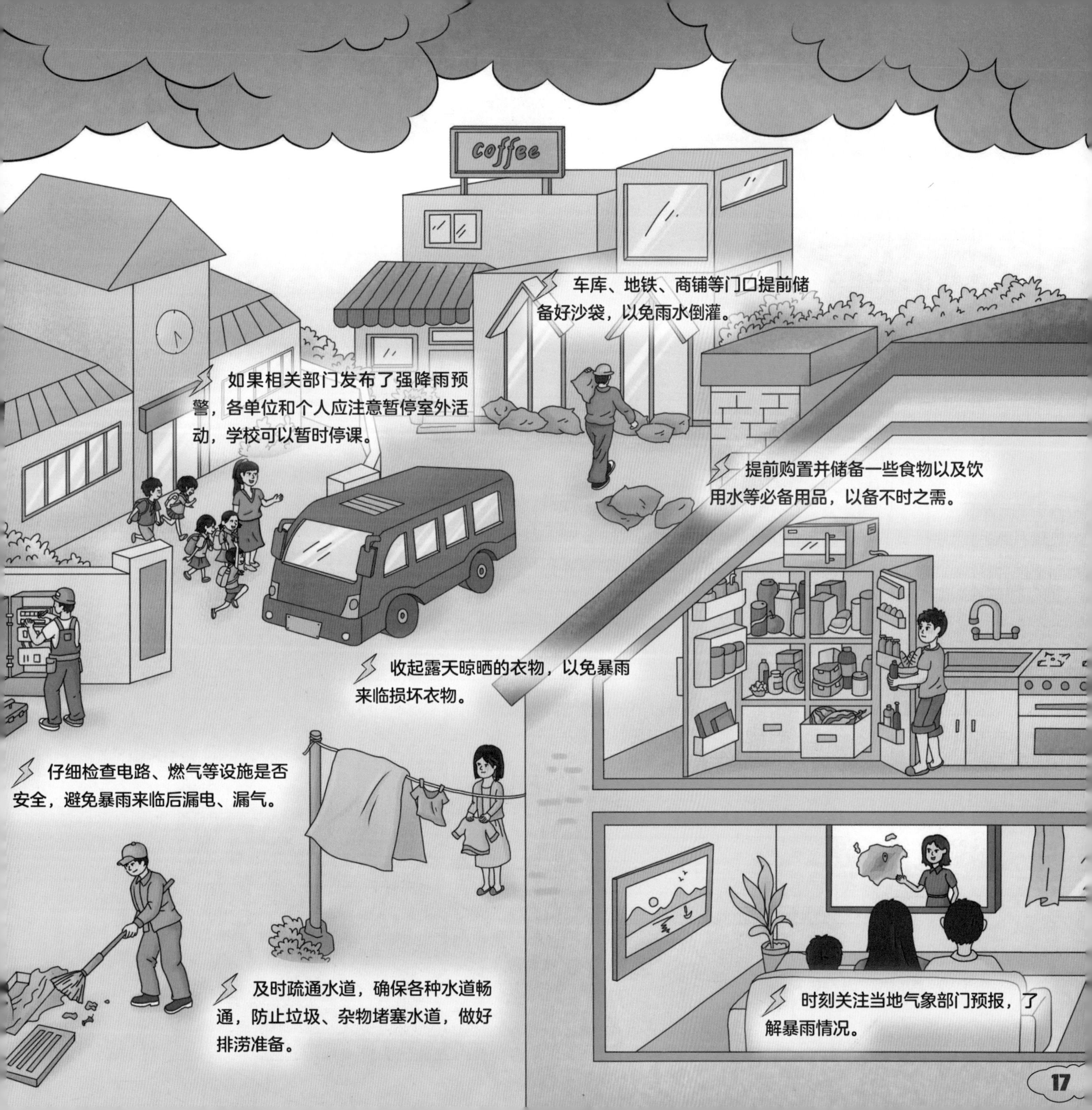
coffee
车库、地铁、商铺等门口提前储备好沙袋，以免雨水倒灌。
如果相关部门发布了强降雨预警，各单位和个人应注意暂停室外活动，学校可以暂时停课。
提前购置并储备一些食物以及饮用水等必备用品，以备不时之需。
收起露天晾晒的衣物，以免暴雨来临损坏衣物。
仔细检查电路、燃气等设施是否安全，避免暴雨来临后漏电、漏气。
及时疏通水道，确保各种水道畅通，防止垃圾、杂物堵塞水道，做好排涝准备。
时刻关注当地气象部门预报，了解暴雨情况。

暴雨下起来了，在家要做好哪些事
暴雨伴有打雷、刮风时，要关好门窗，以免雨水通过门窗进入室内。
暴雨袭来时，要及时关闭燃气阀，把一些用不着的电器、电源关掉，以免雷雨天气损坏电器。

暴雨来临且伴有大风时，要尽快将放在阳台外面的花盆等物品移到室内，以免高空坠物，误伤他人。
coffee
如果积水漫入室内，应立即切断电源，防止积水带电伤人。应想办法尽快排水，如果水量逐渐增加，要尽快转移。
NO!
暴雨打雷时，如果没有安装避雷器的话，尽量不要拨打、接听电话或使用电子产品，以免遭到雷击。
低层的商户，如果看雨势过大，要赶紧将备好的沙袋挡在门口，以免雨水过多漫入屋内。

暴雨来袭，路上行人如何避险

暴雨来袭时，如果正好是在路上，我们一定要记住一些避险措施。

暴雨中，路人在躲雨的同时，一定要格外注意周围是否有带电的设施，例如，广告牌、变压器、电线杆、路灯等危险区域，遇到这样的区域不要靠近，且不能在这些地方避雨。如果发现电线断落在水中，也千万不要自行处理，应当立即拨打报警电话，报告现场情况。

如果雨势过大，要赶紧找到一个安全的地方，可以选择牢固且地势较高的建筑躲避，最好停留至暴雨结束。

暴雨过大，雨水量骤增时，最危险的地方要数排水口了，我们要小心“吃人”的井盖。遇到这两种情况要远离，并绕道而行：一是大量地表水在排水口处形成的旋涡；二是下水道中的水来不及排走，在井盖周围形成的小喷泉。

暴雨中的行人，不要走有积水的地下车库、地下通道，同时也不要站在汽车车道附近，以免汽车行驶过程中激起大量的积水，打滑摔倒。
如果暴雨持续下的话，还要注意远离不牢固的墙体结构，如破旧的栏杆、围墙，以免墙体受雨水冲刷而脱落，砸伤行人。
如果必须涉水且积水淹没高度在10厘米以上，要注意借助木棍或长柄雨伞等直立插入水中探路。
暴雨过大时，如果需要冒雨前行，也要结伴同行。

行车途中遭遇暴雨应如何安全避险

开车外出的时候最怕遇到恶劣天气，如果遇到暴雨，雨水多、能见度低、地面湿滑，有时还有雷电、大风等天气，我们该怎么安全避险呢？

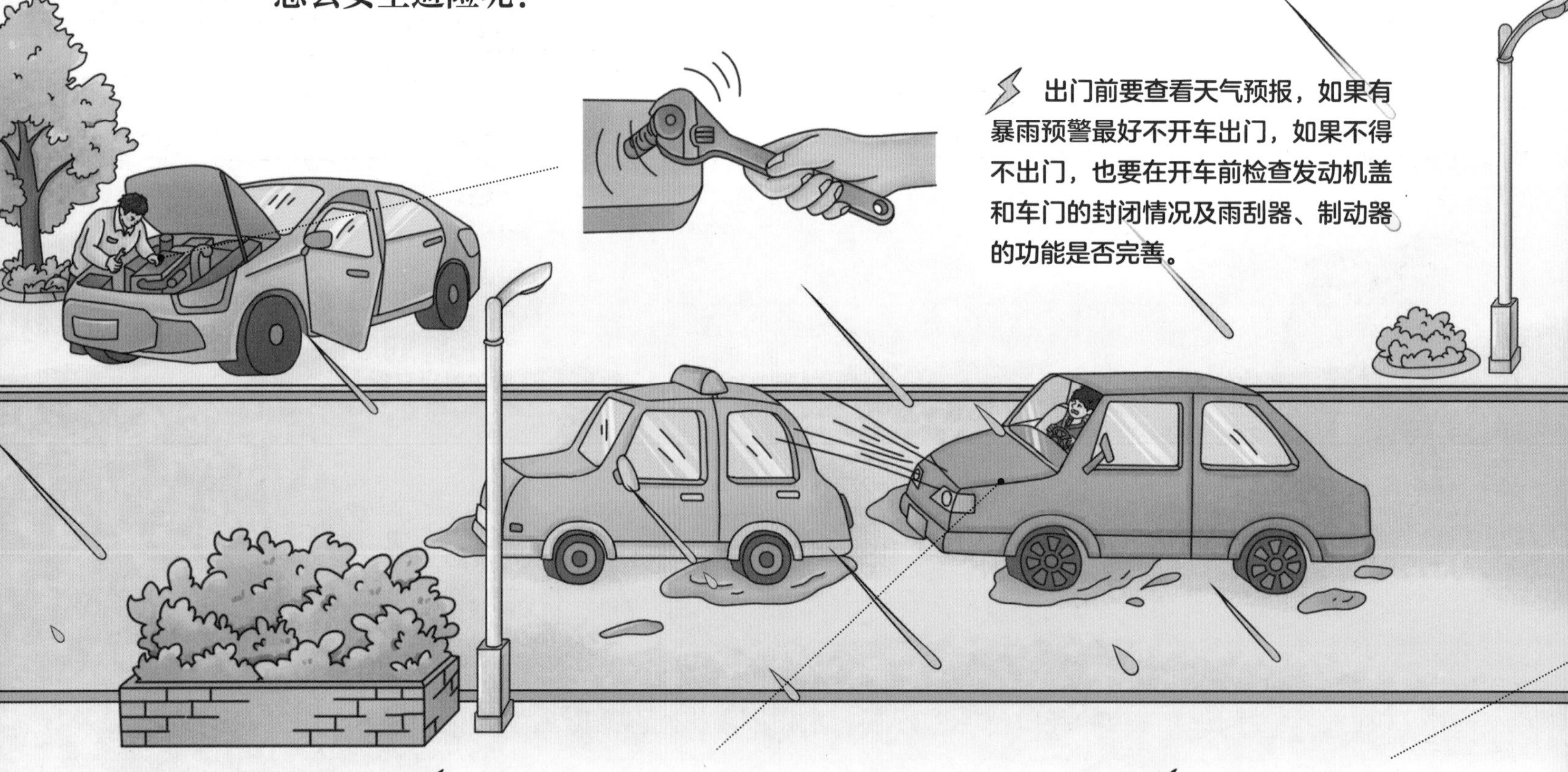

出门前要查看天气预报，如果有暴雨预警最好不开车出门，如果不得不出门，也要在开车前检查发动机盖和车门的封闭情况及雨刮器、制动器的功能是否完善。

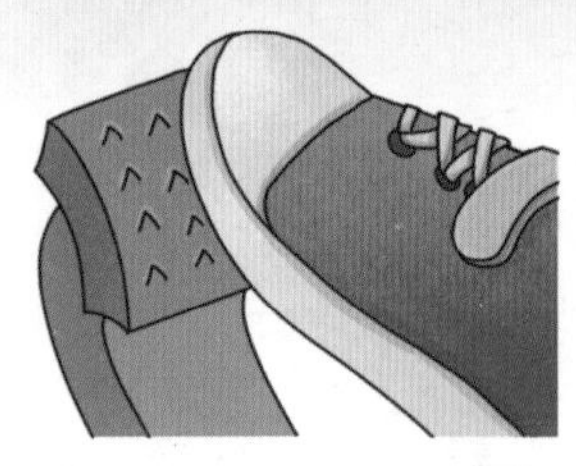

如果路上开车时，刚好遇到暴雨，要注意不能开快车赶路，要降低车速，注意与其他车辆保持安全距离，不要在雨天随意超车。当能见度低，视线受遮挡时，需要把雾灯和示廓灯打开，以起到警示其他车辆的作用。同时，注意提前减速，轻点刹车，避免因急刹车造成车辆失控。

如果行车中遇到积水路段，准备涉水前要注意观察水位，不能盲目开车通过。一般积水漫到车辆的排气管，或者没过半个车轮，车辆可正常通行，但注意要放慢速度。

如果积水较深，且超过半个车轮，一定不要强行通过积水路段，要尽量绕道行驶，或把车开到地势高的地方。如果车辆涉水导致熄火，应在水位还没有完全涨上来之前弃车，快速撤离危险区域。如果地下车库存在积水隐患，一定不要将车停到地下车库。

暴雨中伴随雷电，该如何安全防雷

下暴雨时往往会伴有雷电，这个时候不管是在室内还是在室外都要格外注意防止雷击。

室内防雷电

下暴雨并伴有雷电的时候，除了要关好窗户，拔掉电源，还应注意不要靠近室内裸露的金属物，如水管、暖气管、燃气管等，也不要靠近潮湿的墙壁，以免遭到雷击。

打雷时不要用电气设备，尤其是不要使用热水器洗澡，以免洗澡中导电，被雷击。

室外防雷电
如果是在室外，雷雨天气要注意远离树木、铁塔、旗杆、广告牌等金属物体，以免遭遇雷击。
如果一时间找不到安全的避雷场所，可以身体下蹲，低头，双脚并拢，双手抱膝，注意不要用手撑地。等到雷电过后，赶紧撤离。
在户外打雷、闪电的时候不要拨打手机，也不要使用带金属顶尖的雨伞，以免遭遇雷击。
如果身处空旷的野外，要赶紧到室内或者山洞等安全的避难场所，千万不要在树下避雨。
如果正在水中游泳，或者在水边钓鱼，要赶快离开，将手中的金属导电物品放下，因为水如果遇到雷电就容易导电。

面对城市内涝我们要如何应对

城市内涝是指短时间内降水量超过城市排水能力，出现道路积水等的灾害现象，主要发生在城市低洼地带。城市内涝不仅给人们出行造成困扰，严重时还会出现险情，危及群众生命财产安全。我们面对城市内涝，无论是在室内、户外，还是在行车途中，都要沉着冷静，谨慎应对。

积水超过20cm，行人较难行走。

积水超过30cm，小汽车较难行驶。

积水超过80cm，会造成交通瘫痪。

常见的内涝地点

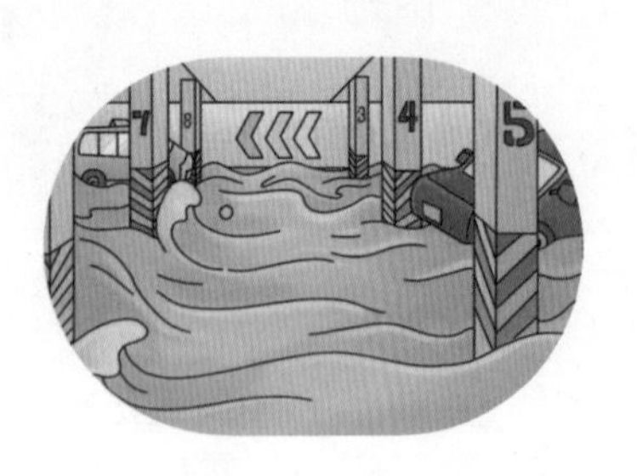

车库、地下室

危房、旧房

建筑工地等地区

如果城市积水漫入室内，要赶紧切断电源，及时将水排出室外。

行人不要在积水中行走，要尽快找到地势高、交通方便的地方避难，如学校、医院等牢固的建筑楼房。及时向有关部门求救，不要随意涉险。

如果家中积水较深，要迅速撤离，不要留恋财物，要赶紧转移。

当立交桥下发生积涝事件时，不管是行人还是行车都应及时寻找绕行的路线，切勿在暴雨内涝的情况下盲目穿行。

下凹式立交桥

地下轨道交通

地下通道等低洼地带

地下商场

暴雨引发了洪水怎么办

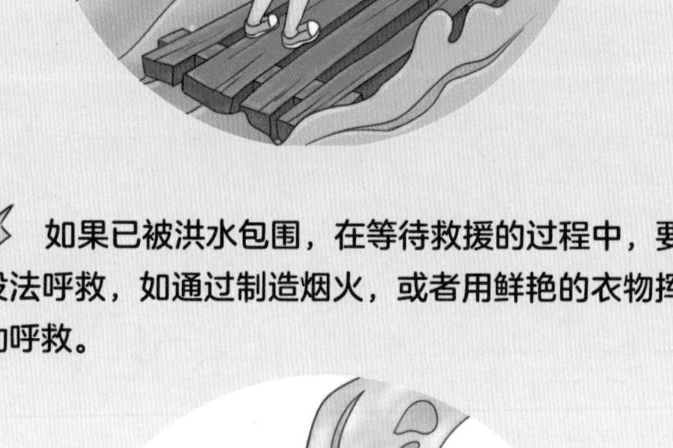

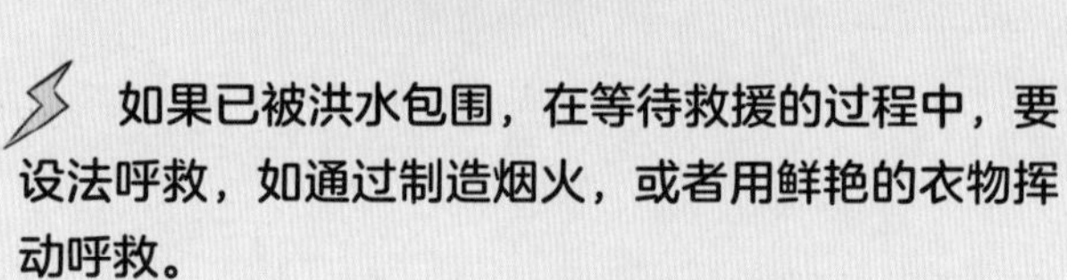

如果已被洪水包围，在等待救援的过程中，要设法呼救，如通过制造烟火，或者用鲜艳的衣物挥动呼救。

及时关注暴雨预警，暴雨中如果暴发洪水，有时间逃跑的情况下，要朝着高处转移。

如果已经被洪水包围，则要赶紧爬到屋顶、高墙上，或者利用船只、木头、床板、门板等漂浮物转移到安全地带等待救援。

千万不能游泳逃生，以免发生其他意外。

不能攀爬带电的电线杆、铁塔，远离倾斜的电线杆和电线断头，防止触电。

暴雨时遭遇地质灾害怎么办

暴雨或局部地区强降水除了会造成中小河流洪水、山洪之外，还会出现山体崩塌、滑坡、泥石流等灾害。

崩塌

崩塌又称崩落、垮塌或塌方。暴雨骤降，山区极易发生土体崩落。一般在这发生之前，山体会出现裂缝，危岩体的前缘有掉块、坠落等情况，这个时候要提高警惕。

避险自救方式

山体崩塌发生时，如果要行车至崩塌影响范围外，一定要绕行，不能在有山体崩塌的道路上继续通行。

如果处于崩塌体下方，感觉地面震动时，要立即迅速向两边逃生，越快越好。

山体滑坡是指在山坡岩体或土体顺斜坡向下滚动的现象。在下暴雨的时候极易出现山体滑坡。

避险自救方式

保持冷静，迅速判断正确的逃生方向，注意保护好头部，向滑坡方向的两侧逃离。

如果是行车途中遇到山体滑坡，要立即停车，必要时要果断弃车逃离。

滑坡停止后，应继续在安全区域等待，以免再次遇到危险。

泥石流一般在一次降雨的高峰期，或是在连续降雨后发生，具有暴发突然、来势凶猛的特点。泥石流暴发是由沟顶开始的，发出“轰……轰……”的打炮声。只要听到这种声音，就要迅速跑到室外，并向山顶转移。

避险自救方式

当处于泥石流区时，不能沿着沟向下或向上跑，应向两侧山坡上跑，离开沟道、河谷地带，不要在土体不稳定的斜坡停留，以防斜坡失稳下滑，要选择远离泥石流经过地段避险。

切记不要上树躲避，因为泥石流可能会冲断树木。

暴雨中被困车内该如何自救

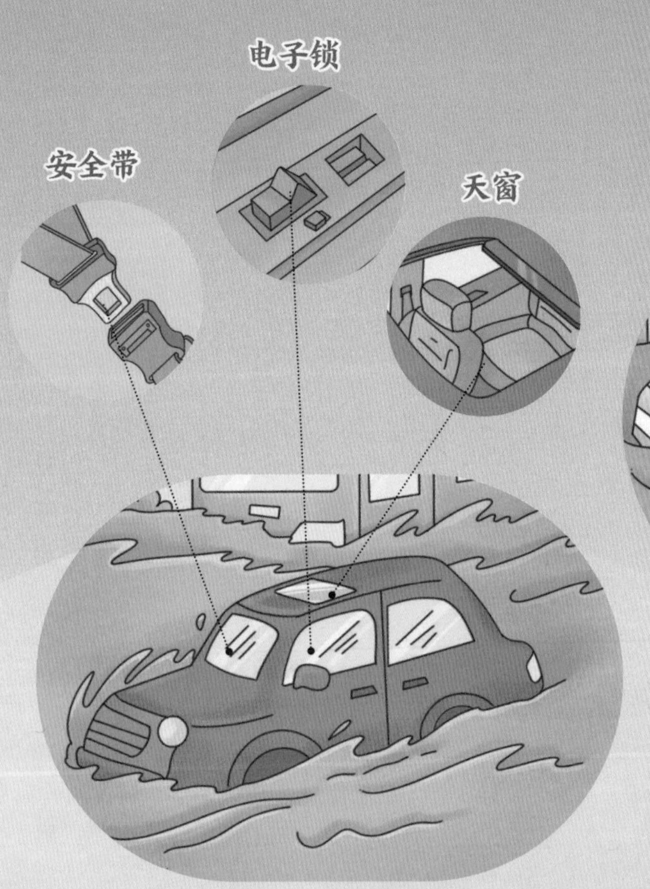

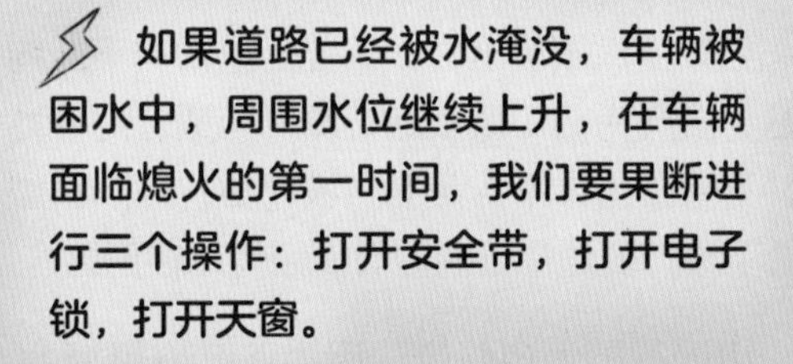

如果道路已经被水淹没，车辆被困水中，周围水位继续上升，在车辆面临熄火的第一时间，我们要果断进行三个操作：打开安全带，打开电子锁，打开天窗。

如果能打开车门，要第一时间选择弃车逃生，迅速转移到地势高的地方。此时的车门可能因受水的阻力而不好打开，注意这个时候一定要持续地用肩膀去顶才能顶开。

如果水已经淹没到门把手的位置，这时水压会非常大，车内的人很难打开车门逃生。这个时候，如果天窗是开着的，要第一时间从天窗爬出去求助，或者选择从后备箱逃生。

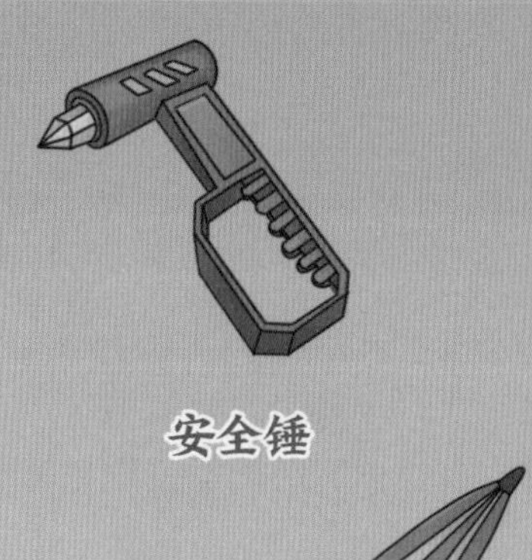

安全锤

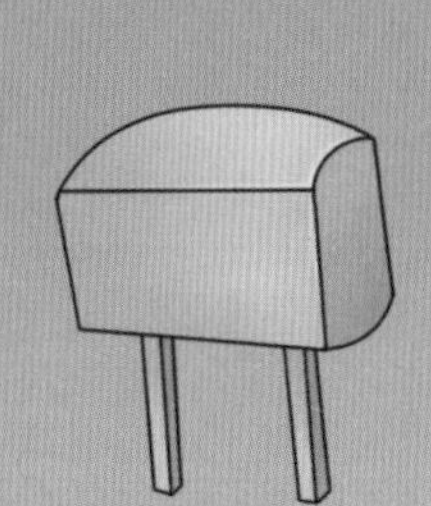

司机头枕

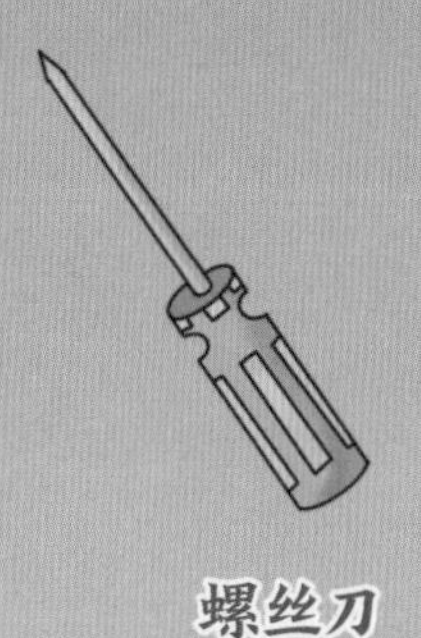

螺丝刀

雨伞

被困在车内时，如果车内备有安全锤，可以用安全锤击碎玻璃的边角处逃生。如果没有安全锤，可以用雨伞、司机头枕、螺丝刀等坚硬的东西来尝试击碎玻璃。注意，车身玻璃之中，前后挡风玻璃最为厚实，所以应优先选择砸相对薄弱的两侧的车窗。

逃出去后，保持面部朝上，跟着气泡找到水面，尽量找到漂浮物抓住，并寻求救助。

如果错过前面所有逃生的时机，那么最后一次逃生机会一定不要错过。车内人员可以等待水完全灌入车辆，车内外水压一致的那一刻，深吸一口气，用力打开车门。如果车门还是打不开，则尝试使用灭火器等重物猛砸，破窗成功的概率更大。

灭火器

地铁内雨水倒灌要如何自救
暴雨时，地铁站被淹的概率很低，但如果在地势比较低的地段，正好下了很大的暴雨，地铁运行中意外断电的话，就会发生危险。那么，地铁站被淹时要如何自救呢？
被困在地铁车厢内时
水已经漫入地铁车厢内，人被困在里面，无法打开车门时，要尽量保持镇静，情绪不要过于激动，以免身体机能异常，缺氧量过高。应尽量选择站在椅子上，保持相对较高的位置，通过通信设备求救，注意要说清位置和情况，必要的时候互相抱团取暖，避免失温。减少移动，保存体力、保持体温。如果包里有食物，可以拿出来补充能量。

雨水倒灌地铁内
如果雨水刚刚漫入地铁且人还在站台上等地铁时，要赶紧撤离，在工作人员的指挥下，有序通过疏散门，切勿跳下轨道以防触电。这个时候不可乘坐车站的垂直电梯和自动扶梯，要选择离你最近的楼梯、出入口，快速离开车站。
走安全疏散通道
如果地铁内灌入的水量较大，导致地铁停运，在这种情况下，乘客必须保持冷静，听从地铁工作人员的指挥，提前找到安全锤和列车紧急开门装置的位置，打破窗户，打开车门，撤离车体，然后沿隧道疏散通道离开。

暴雨中滑倒受伤要如何处理

暴雨天气，路面比较湿滑，行人滑倒风险增大。如果意外滑倒受伤应该如何处理呢？一起来学习吧！

判断伤情

如果不幸摔伤，首先要做的就是保持镇定，不要惊慌，判断自己的伤情。一般来讲，摔伤后的伤口可分两种情况，一种是开放型伤口（有伤口的），另外一种是非开放型的伤口（不流血、没伤口的）。除此之外，还要判断摔伤的皮肤下面是否有淤血，身体的关节能不能灵活运动，是否出现骨折等。

没有伤口

如果摔倒后没有伤口，也不要盲目起身移动，要先确认是轻微扭伤，还是骨折。若手脚情况并无大碍，可以先侧身，转向比较方便和舒服的方向，屈腿翻转身体，呈俯卧位，使膝盖和双肘着地，借助这股力量将整个身体撑起来。如果发现身体某个部位非常疼痛，切忌强行支撑，应赶紧寻求路人的帮助并到附近的医院就诊。

轻微扭伤

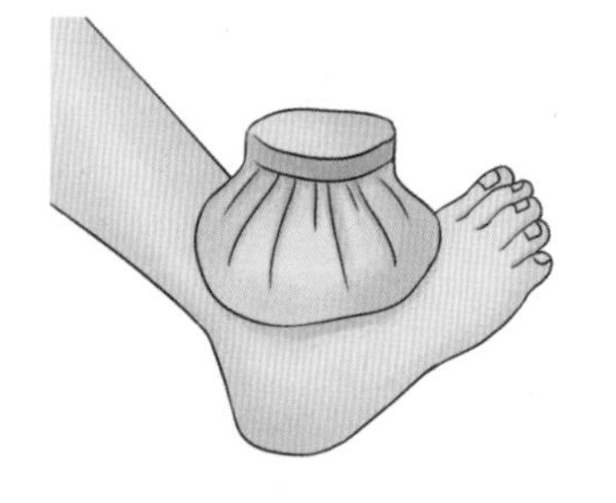

疼痛是扭伤的典型症状，发生扭伤时，可以用冰袋、冷毛巾冷敷，减少疼痛，但需注意的是，不要直接盲目用手，甚至用红花油等药酒揉捏青肿部位，如果扭伤部位发生肿胀或者皮肤青紫，甚至关节不能转动时，要及时去医院就诊。

发生骨折

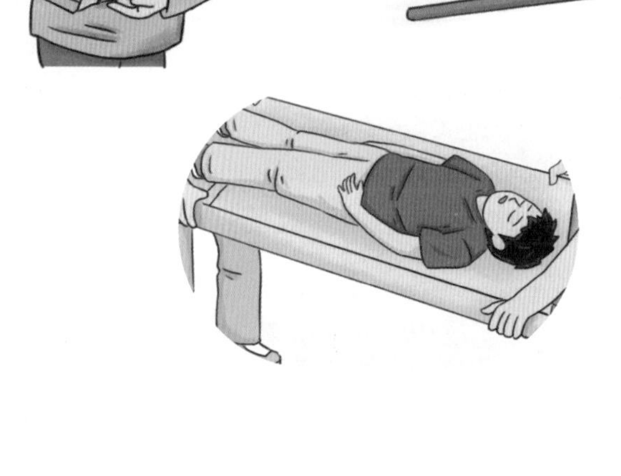

如果滑倒中发生了骨折，切忌随意移动，以防止骨折移位的加重。紧急情况下，可以使用围巾、书本等对骨折处进行简单的固定。

如果摔伤、骨折的位置在脊柱，救助人员在搬运的过程中不能随意背、抱患者，应拨打120急救电话，由专业的医护人员使用硬板进行搬运、救助。

出现伤口

如果摔倒后发现皮肤破损并有轻微流血，需用干净的布覆盖在伤口上加压止血，保持按压状态，直到出血停止。如果周围环境安全，可原地呼叫援救，并尽早到医院进行伤口处理，在医生的指导下及时止血、缝合、注射破伤风疫苗，消毒后用纱布包扎起来。

如果摔伤的同时有异物刺入，切记不要自行拔除，要保持异物与身体相对固定，及时去医院进行处理。

暴雨时意外落水怎么办

在暴雨天气中，不注意安全就很有可能导致溺水等事故的发生。

洪水流经的区域。

警惕暴雨中最容易溺水的地方

积水的低洼路段，如地下通道，路面有井盖的地方。

池塘、河沟、水库、深水潭等野外水域，工地的积水坑。

要注意把头向后仰，口向上方，尽量将口鼻露出水面进行呼吸。注意呼气要浅，吸气要深，尽可能使身体浮于水面，等待他人的救援。

不小心落水如何自救

当不小心落水，也不会游泳，且周围没有其他人时，要第一时间保持冷静，不要手忙脚乱，更不能将手上举或拼命挣扎，因为这样反而容易使人下沉。

即使会游泳，这个时候也不要盲目在雨水中游泳，要尽可能寻找身边的漂浮物，如木板等，若发现近处有树木、堤坝等高地，要设法爬上去。如果离岸边较远，且周围也没有其他可利用的漂浮物，不要盲目游动，避免消耗体力和热量，也避免发生腿脚抽筋或被杂草缠住的情况。

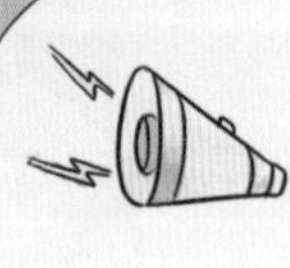

科普小课堂：落水后腿脚抽筋了怎么办

如果落水时，遭遇腿脚抽筋，要深吸一口气，把脸浸入水中，将痉挛(抽筋)下肢的拇指用力向前上方拉，使拇指跷起来，持续用力，直到剧痛消失，抽筋自然也就停止了。

遇到他人落水怎么办

暴雨中如果看到有人落水，一定不要慌乱，也不要盲目进行救援，应第一时间大声呼叫，找大人帮忙。如果有多个同伴在一起，要分头行动去寻求大人的帮助。

等待专业人员救助的时候，可以寻找木板、竹竿、树枝等漂浮物抛向溺水者，让其抱住。

一定不能手拉手施救，因为落水者力气大的话，稍不留神就会把施救者拉下水，造成连环溺水的悲剧。切记，如果没有足够的能力，千万不要盲目下水救人。

暴雨导致身体失温怎么办

下暴雨时，雨水温度比体温低，身体被雨水打湿后，会消耗大量的热量，人体长时间被暴雨侵蚀，热量会持续消耗，当身体核心区温度低于35℃的时候就很可能出现“失温”的情况，严重时会引起死亡。

进行户外跑步、爬山等活动时，如果遇到暴雨，身体长时间处于淋雨状态，在感觉到发冷、打哆嗦，肌肉不自觉地颤抖，呼吸、心跳加快时，一定要提高警惕，避免体温下降，进而失温。

中度失温

（体温29~33℃）

感到强烈的寒意，浑身剧烈颤抖并无法抑制，走路磕磕绊绊，说话不清楚。

重度失温

（体温22~29℃）

意识模糊、冷感迟钝、身体间歇性颤抖直至不抖，站立和行走困难，语言能力丧失。

致命阶段

（体温低于22℃）

处于死亡边缘，全身肌肉僵硬，脉搏和呼吸微弱难以察觉，出现意志丧失，昏迷。

被救后要尽快吃些高热量、高糖的食物，并饮用温水，帮助体温回升。

身体失温如何自救

如果身体长期处于淋雨状态并出现失温的征兆，一定要立即停止活动，减少身体热量消耗，不要盲目通过搓手、运动等方式提高身体热量，而是赶紧寻找到遮挡的地方躲避风雨，如有帐篷要撑起帐篷保暖。

如果随身有干净的衣物，找到避雨的地方后迅速将湿掉的衣服脱下，换上干燥的衣物并保持身体干燥，减少由于衣物潮湿带来的热量流失。

暴雨过后，预防疾病

暴雨过后一定不能大意，由于大量垃圾、污染物堆积，加上夏季高温，导致蚊子、苍蝇、蟑螂、老鼠等繁殖加快，致使生活环境遭受污染，到处是细菌、病菌，容易给人体健康带来危害。

肠道传染病和食物中毒

预防重点

暴雨过后，水源、食物可能会受到不同程度的污染，如果人们饮食和饮水不当，很容易感染肠道传染病，如细菌性痢疾、伤寒、霍乱、腹泻、甲型肝炎等。

病从口入，这个时候的饮水和饮食要格外注意。如果出现畏寒、发热、腹痛、腹泻、乏力、食欲减退等情况，一定要及时去医院就诊。

自然疫源性疾病

暴雨过后，积水多、垃圾多，腐坏的食物、动物的尸体，造成蚊子、苍蝇、蟑螂、老鼠等大量繁殖，会产生很多细菌和病毒。这个时候就容易出现钩端螺旋体病、流行性出血热、血吸虫病、登革热等传染病。

预防重点

打扫卫生，清理房屋周围的蚊虫和老鼠等有害生物；勤洗手，戴好口罩，不要和他人共用脸盆、毛巾等个人卫生用具，做好消毒防护。

皮肤病

雨水中细菌较多，被雨水浸泡后的皮肤很容易感染，诱发湿疹、皮炎等皮肤病。同时，夏季蚊虫较多，被叮咬后，皮肤会出现红色疙瘩，带来感染的危险。

预防重点

尽量远离积水和不干净的水源，如果不能避免在水中行走，要尽量穿长筒胶鞋。保持皮肤清洁干净，不管患上哪种皮肤病，都要及时去医院就诊。

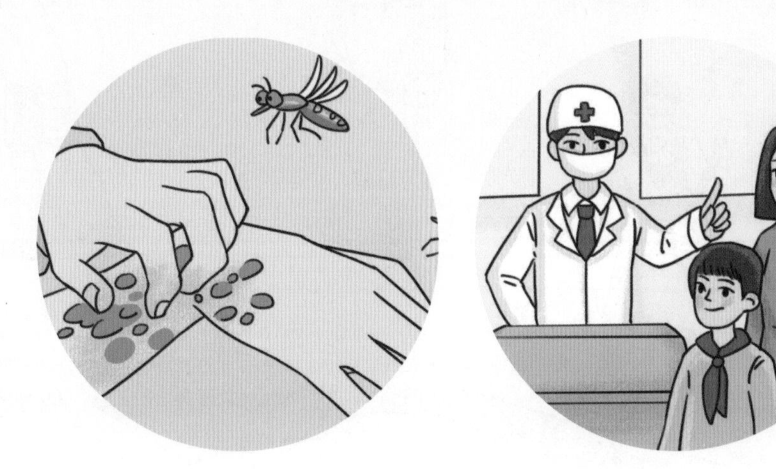

暴雨过后，做好环境消毒

暴雨后，被雨水冲刷过的街道、路面，被冲毁的房屋、禽畜圈等，导致大量垃圾出现，存在一定的卫生隐患，面对这一切首先要做好消毒工作，以免细菌滋生。
整修厕所，修补禽畜圈，清理粪便，进行消毒处理。
暴雨过后，要把环境清理放在第一位，设置垃圾集中堆放点，清理淤泥和垃圾，做好消毒。
疏导地面积水。

进行安全检查，确认房屋或墙体的牢固性。
对室内进行大扫除，清理发霉的家具和墙壁，注意打开门窗，通风换气，并进行消毒。
对河水和井水淤泥、动物尸体等进行处理，投以漂白粉消毒。

暴雨过后，小心病从口入

暴雨过后，人们的饮食最为关键，一不小心就会病从口入，这个时候人们要警惕食物中毒，也要注意饮水的卫生与安全。

防食物中毒

被雨水冲泡过的食物不能吃，未经过检疫的畜肉和不新鲜的水产品不能吃。

生肉和熟肉要分开保存，分开制作。

食物一定要煮熟后食用，使用的餐具也要清洗干净。

扫码领取
★常识手册 ★安全百科
★应急指南 ★情景课堂

注意饮水安全

暴雨过后的水源可能遭到污染，所以短时间内不能直接饮用未经有效处理的地表水、雨水和洪水。

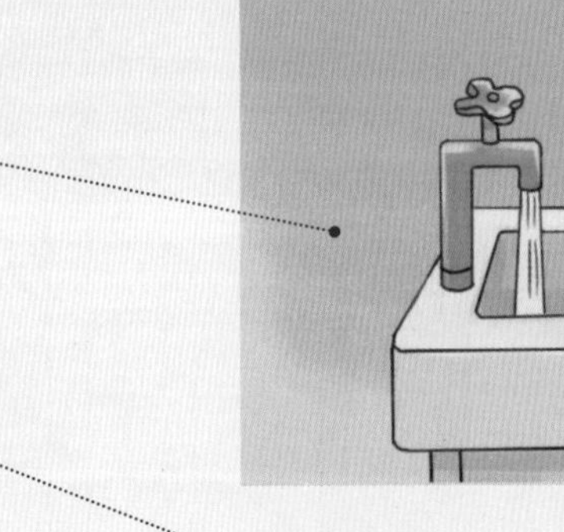

自来水中可能含有大量的致病微生物，饮用后容易导致腹泻等疾病。

腐坏、过期、变质的食物不要食用。

最好饮用煮沸的凉开水，如果没有煮水条件，也可饮用瓶装的纯净水、矿泉水，以确保饮水安全。

避险童谣

暴雨来临急躲避，不在树下桥洞里；
积水行走要小心，谨防跌入坑井中；
雨水没过脚踝时，寻找高地巧脱离；
雨中行车多注意，不得盲目乱行驶；
暴雨肆虐山石动，山体下方紧撤离。